SUITES

A

BUFFON

PLANCHES

12 *Livraison*

VÉGÉTAUX PHANÉROGAMES.

PARIS

A LA LIBRAIRIE ENCYCLOPÉDIQUE DE RORET

Rue Hautefeuille. Nº 10 bis.

EXPLICATION DES PLANCHES

DES PHANÉROGAMES.

PLANCHE CXI.

Vallisneria spiralé. — *Vallisneria spiralis* Linn. (Famille des Hydrocharidées.)

A. Port de la plante mâle. — B. Id., de la plante femelle. — C. Spathe de fleurs mâles (grand. nat.) — D. Le spadice des mêmes, dépouillé de la spathe. — E. Une fleur mâle, isolée. — F. Une étamine avant l'anthèse, vue antérieurement. — G. Id., vue postérieurement. — H. Id., après l'anthèse. — I Bouton d'une fleur mâle (très-grossie). — J. Une fleur femelle (grand. nat.) — K. Id., grossie : *a*, spathe ; *b, b, b*, lobes du périanthe ; *c*, sommet d'un stigmate. — L. Partie supérieure d'une fleur femelle dépouillée du périanthe et de deux des écailles pétaloïdes : *a, a, a*, stigmates ; *b*, écaille pétaloïde. — M. Un péricarpe (grand. nat.) — N. Coupe horizontale d'un péricarpe. — O. Portion d'une coupe longitudinale d'un péricarpe. — P. Une graine, très-grossie. — Q. Id., dépouillée du tégument extérieur. — R. Embryon : *a*, gemmule.

PLANCHE CXII.

Colcrique d'automne. — *Colchicum autumnale* Linn. (Famille de Colchicacées.)

A. Plante florifère. — B. Feuille. — C. Portion supérieure d'un périanthe (grand. nat.), fendu longitudinalement et déployé pour faire voir l'insertion des étamines. — D. Une étamine, vue antérieurement. — E. Id., vue postérieurement. — F. Portion supérieure d'un style. — G. Bulbe, ouvert de manière à faire voir (en *a*) l'ovaire et la partie inférieure des 3 styles. — H. Plan symétrique de l'estivation des lobes du périanthe. — I. Ovaire et partie inférieure des styles. — J. Portion inférieure d'un ovaire coupé transversalement. — K. Capsule en déhiscence (grand. nat.) — L. Une graine. — M. Id., coupée obliquement : *a*, périsperme ; *b*, embryon.

PLANCHE CXIII.

Luzula poilu. — *Luzula campestris* Desv. (Famille des Joncacées.)

A. Plante entière (grand. nat.) — B. Une fleur (très-grossie). — C. Plan symétrique de l'estivation de la fleur : *a*, sépales extérieurs ; *b*, sépales intérieurs ; *c*, étamines ; *d*, ovaire. — D. Une étamine vue antérieurement. — E. Id., vue postérieurement. — F. Pistil. — G. Capsule (grossie), en partie recouverte par le périanthe accompagné de deux bractées. — H. Capsule déhiscente. — I. Capsule (dont on a enlevé les graines) coupée transversalement : *a*, un des placentaires. — K. Une valve de la capsule, avec la graine qui s'insère à sa base : *a*, funicule ; *b*, raphé ; *c*, chalaze. — L. Une graine, coupée verticalement : *a*, funicule ; *b*, test, ou tégument extérieur ; *c*, tegmen, ou tégument intérieur ; *d*, périsperme ; *e*, chalaze ; *f*, embryon. — M. Embryon (très-grossi) : *a*, extrémité radiculaire.

PLANCHE CXIV.

N° 1. STRYCHNOS NOIX-VOMIQUE. — *Strychnos Nux vomica* Linn. (Famille des Apocynées.)

A. Ramule florifère (grand. nat.) — B. Coupe transversale d'un fruit (grand. nat. dim.) — C. Une graine (grand. nat. dim.)

N° 2 *Strychnos* (autre espèce).

A. Une fleur (très-grossie). — B. La corolle, fendue et déployée, pour faire voir l'insertion des étamines, et les squamules adnées à sa base. — C. Pistil. — D. Coupe verticale du même, pour faire voir l'insertion et la forme de l'ovule. — E. Coupe horizontale de l'ovaire.

PLANCHE CXV.

BUTOMUS JONC-FLEURI. — *Butomus umbellatus* Linn. (Famille des Butomées.)

A. Port de la plante (très-diminuée). — B. Une fleur (peu grossie). — C. Id., vue postérieurement. — D. Id., dont on a enlevé le périanthe pour faire voir l'insertion des étamines. — E. Une étamine, vue antérieurement. — F. Id., vue postérieurement — G. Le pistil. — H. Section transversale des ovaires. — I. Fruit (étairion) (grand. nat.) — J. Coupe verticale d'un des follicules. — K. Une graine (fortement grossie). — L. Section transversale d'une graine : *a*, tégument extérieur (test); *b*, tégument intérieur (tegmen); *c*, embryon. — M. Coupe verticale d'une graine : *a*, tégument extérieur ; *b*, tégument intérieur ; *c*, corps cotylédonaire ; *d*, plumule.

PLANCHE CXVI.

CORYDALIS A BRACTÉES DIGITÉES. — *Bulbocapnos Halleri* Spach. — *Corydalis digitata* Pers. (Famille des Fumariacées.)

A. Plante entière (grand. nat.). — B. Le tubercule, coupé transversalement.

PLANCHE CXVII.

ANALYSE du *Bulbocapnos Halleri*. (Voyez Pl. 116.)

A. Fleur entière, vue latéralement, avec le pédicelle et la bractée. — B. Plan symétrique d'une fleur, coupée transversalement à la hauteur du milieu du stigmate : *a*, *a*, le pétale supérieur; *b*, *b*, le pétale inférieur; *c*, *c*, les deux pétales latéraux; *d*, anthère médiane de l'androphore supérieur; *e*, id. de l'androphore inférieur; *f*, *f*, anthères latérales de l'androphore supérieur; *g*, *g*, id., de l'androphore inférieur; *h*, stigmate. — C. Plan symétrique de la même fleur, coupée peu au-dessus de sa base : *a*, éperon du pétale supérieur; *b*, bosse basilaire du pétale inférieur; *c*, *c*, ovaire. — D. Une fleur, vue en dessous, dont on a enlevé le pétale inférieur et l'androphore correspondant, ainsi que le pistil, pour faire voir la soudure du pétale supérieur avec l'androphore correspondant et les deux pétales latéraux : *a*, pédicelle; *b*, éperon du pétale supérieur; *c*, capuchon de l'un des pétales latéraux, qu'on a écarté du capuchon opposé; *d*, androphore. — E. Le pétale supérieur fendu longitudinalement, pour faire voir l'éperon de l'androphore supérieur *b*; *a*, pédicelle de la fleur; *c*, *c*, *c*, anthères. — F. Sommet d'un androphore avec les filets et les anthères. — G. Pistil, vu latéralement. — H. Stigmate, très-grossi. — I. Coupe longitudinale de l'ovaire. — J. Portion d'un placentaire avec un ovule, très-grossis. — K. L'un des pétales latéraux, vu postérieurement. — L. Silique, avant la déhiscence, peu grossie. — M. La même, après la déhiscence : les deux valvules sont encore fixées au stigmate; *a*, *a*, placentaires. — N. Une graine, grossie : *a*, caroncule. — O. Coupe verticale d'une graine : le périsperme constitue tout le corps de l'amande; l'embryon est imperceptible. — P. Plantule âgée de quelques mois.

PLANCHE CXVIII.

VANILLE AROMATIQUE. — *Vanilla aromatica* Swartz. — *Epidendrum Vanilla* Linn. (Famille des Orchidées.)

A. Portion d'un sarment florifère (³/₄ de grandeur naturelle). B. Fruits.

PLANCHE CXIX.

Nº 1. TRIADÉNIA A PETITES FEUILLES. — *Triadenia microphylla* Spach. (Famille des Hypéricacées.)

A. Partie supérieure d'un ramule florifère (grand. nat.). — B. Fleur dont on a enlevé les pétales. — C. Calice avec le pédicelle et ses deux bractées. — D. Un pétale, vu antérieurement : *a*, la squamule. — E. Fleur dépouillée du calice et de la corolle : *a*, *a*, glandes hypogynes, alternes avec les androphores. — F. Une étamine, vue antérieurement. — G. Id., vue postérieurement. — H. Le pistil : *a*, *a*, glandes hypogynes. — I. Moitié inférieure d'un ovaire coupé transversalement. — J. Un calice fructifère, avec la corolle marcescente.

N° 2. *Triadenia Webbii* Spach.

A. Une capsule, accompagnée du calice. — B. Id., dépouillée du calice. — C. Une des trois coques de la capsule, après la déhiscence. — D. Les trois placentaires, après la chute des coques. — E. Une graine (très-grossie). — F. Embryon.

PLANCHE CXX.

PSYCHANTHE A FEUILLES DE MYRTE. — *Psychanthus myrtifolius* Spach. — *Polygala myrtifolia* Linn. (Famille des Polygalacées.)

A. Ramule florifère (grand. nat.) — B. Coupe longitudinale d'une fleur : *a*, moitié du sépale supérieur; *b*, l'un des sépales latéraux ou intérieurs; *c*, fragment de l'un des sépales inférieurs; *d*, *d*, gaîne résultant de la soudure des pétales et de l'androphore; *e*, stipe de l'ovaire; *f*, l'un des pétales supérieurs; *g*, carène dorsale du pétale inférieur, prolongée en crête à son sommet; *h*, style. — C. Fleur dont on a enlevé l'un des sépales latéraux, ainsi que la corolle avec l'androphore, pour faire voir la forme et la situation du pistil. — D. Androphore (dont on a détaché le pétale supérieur) déployé, vu antérieurement : *a*, *a*, les deux pétales supérieurs. — E. Le même, vu postérieurement : la partie supérieure de la gaîne est coupée en *a*; *b*, *b*, les deux pétales supérieurs; *c*, *c*, les deux pétales latéraux; *d*, base du pétale inférieur : la partie supérieure de ce pétale a été coupée en *e*, où il cesse d'adhérer à l'androphore. — F. Une des étamines, pour faire voir sa déhiscence apicilaire. — G. Une graine (grossie), vue postérieurement : *a*, caroncule. — H. La même, vue antérieurement : *a*, caroncule; *b*, raphé. — I. Coupe longitudinale d'une graine : *a*, caroncule; *b*, tégument; *c*, périsperme; *d*, l'un des cotylédons; *e*, radicule. — J. Coupe transversale d'une graine. — K. Section transversale d'un ovaire. — L. Capsule du *Polygala vulgaris*, avant la déhiscence. — M. La même, ouverte d'un côté.

FIN DE L'EXPLICATION DES PLANCHES DE LA DOUZIÈME
LIVRAISON.

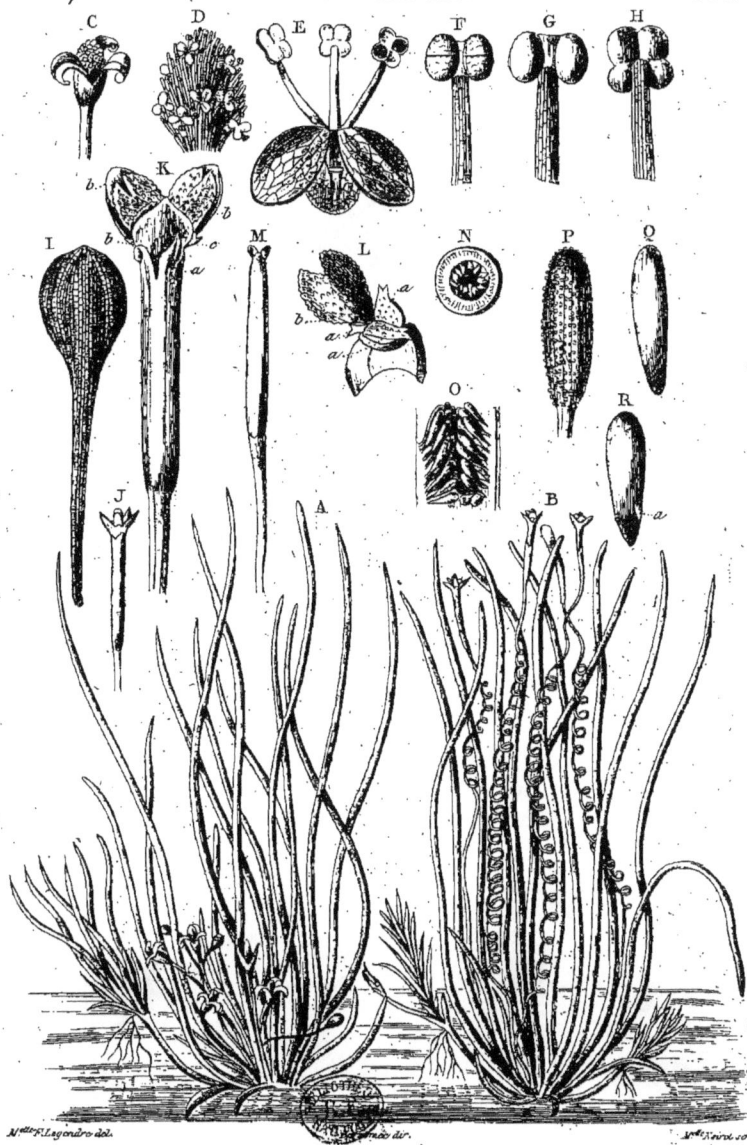

Vallisnéria spiral.

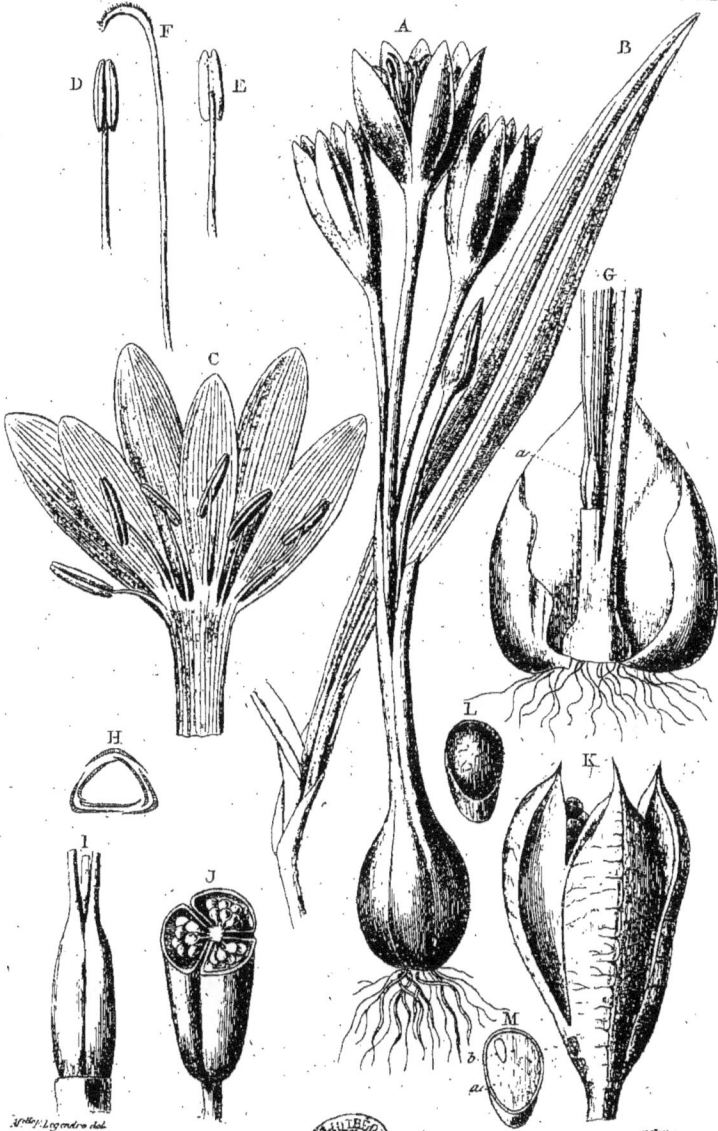

Colchique d'automne.

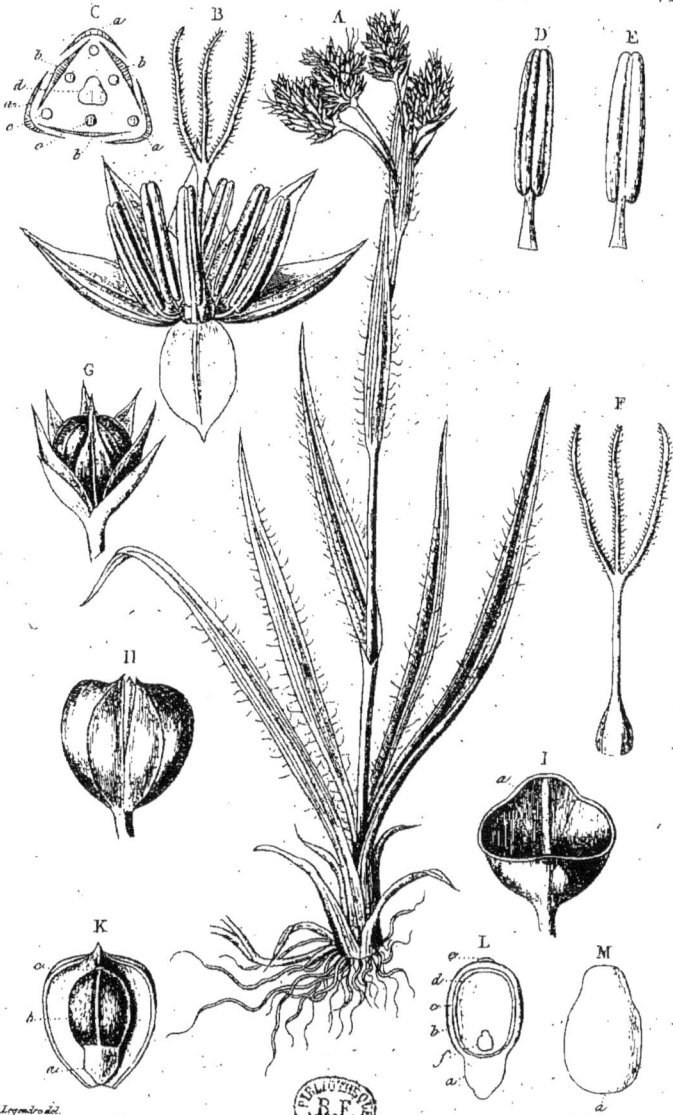

Luzula poilu.

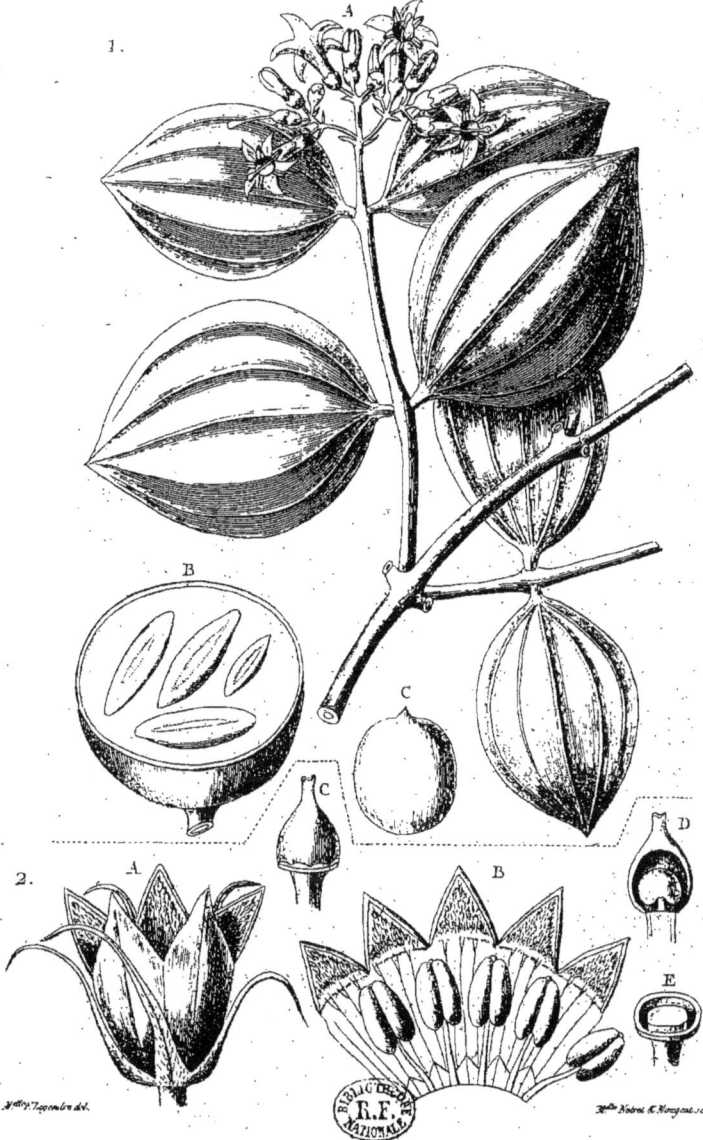

1. Strychnos Noix vomique. 2. Autre espèce (incertaine) du même genre.

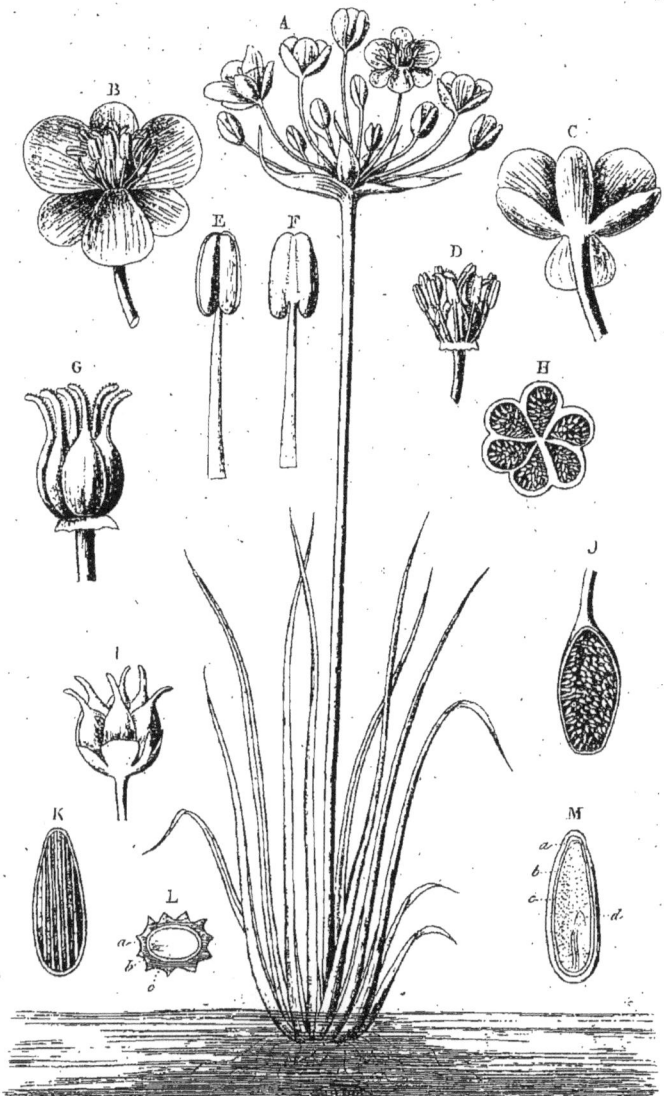

Butomus Jonc-fleuri.

A

B

Corydalis à bractées digitées.

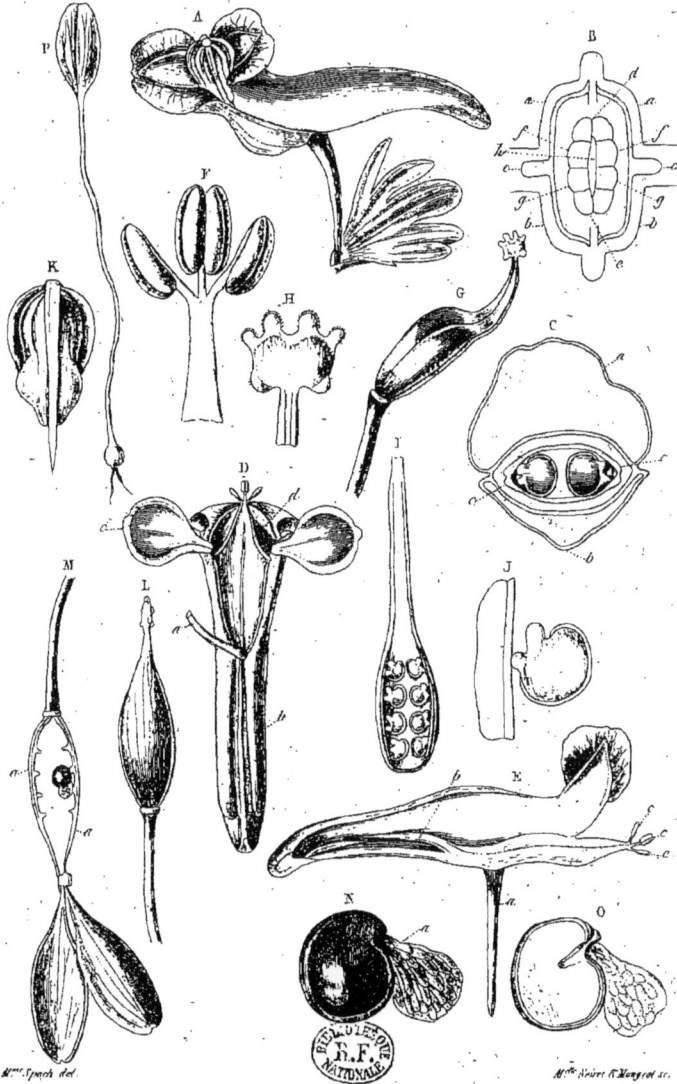

Mme Spach del.

Mlle Noiret & Mongrot sc.

Corydalis à bractées digitées.

Vanille aromatique.

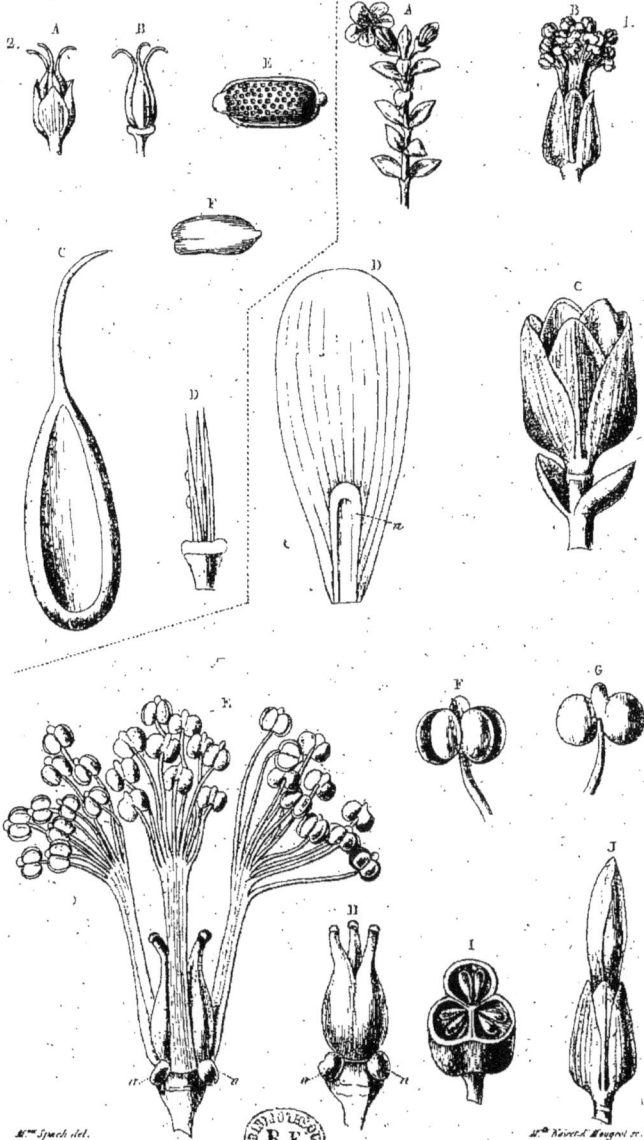

M.me Spach del.   M.le Rivet & Mougeot sc.

1. Triadénia à petites feuilles   2. Triadénia de Webb.

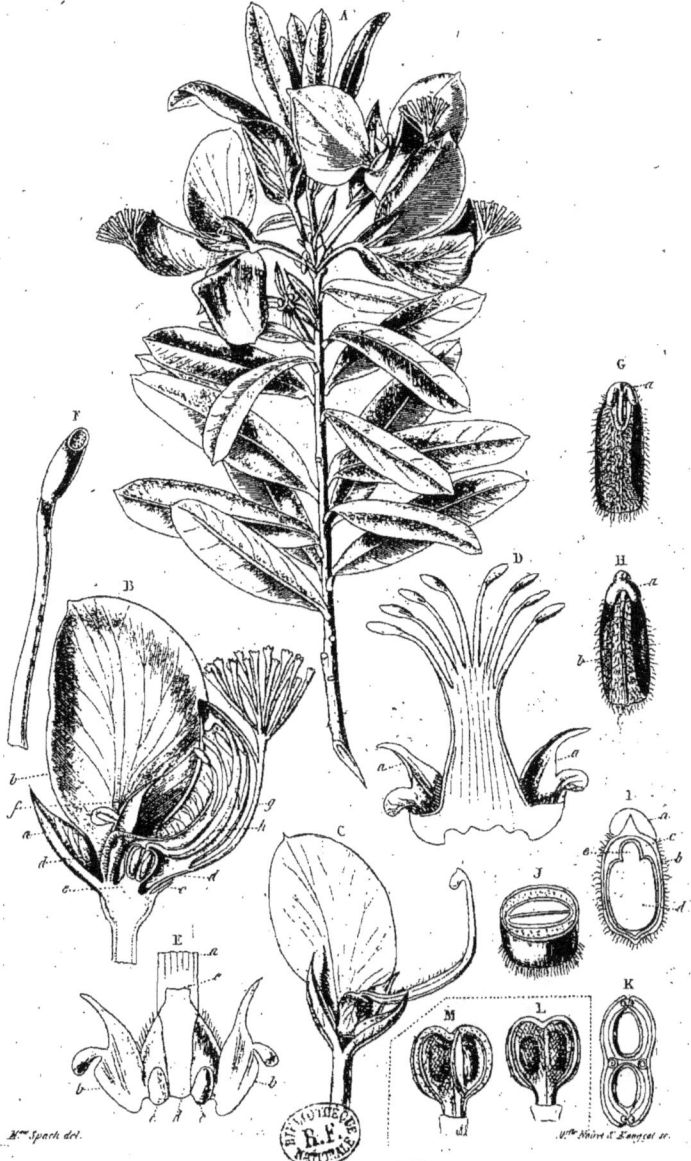

Mme Spach del.   Vte Noël et Langval sc.

Psychanthe à feuilles de Myrte.

www.ingramcontent.com/pod-product-compliance
Lightning Source LLC
Chambersburg PA
CBHW070150200326
41520CB00018B/5361